U0051091

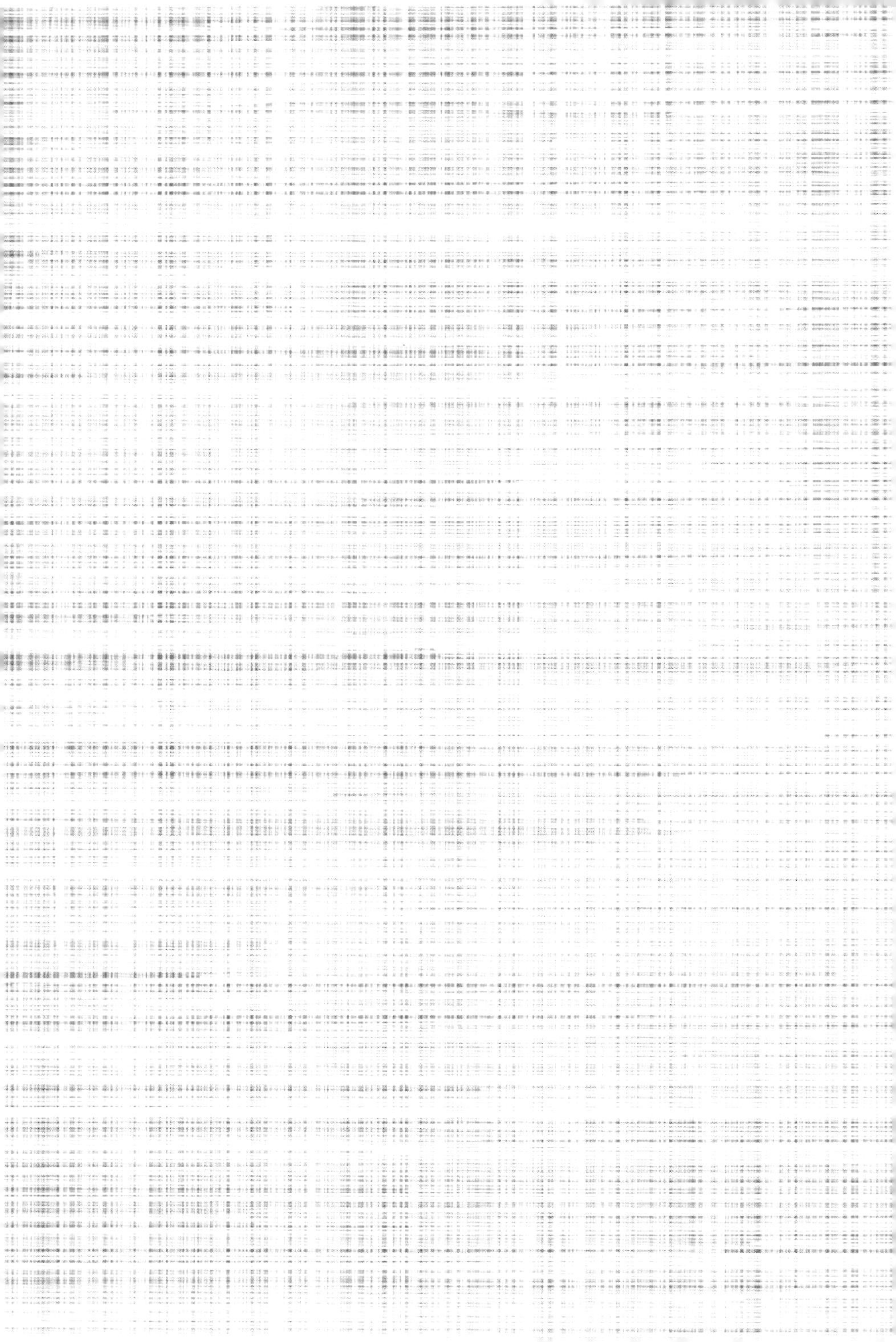

向劉備學領導

LEARN TO LEAD WITH LIU BEI

劉備的靈言

大川隆法 著

從草鞋商人到一方皇帝。

東漢末年分三國，烽火連亂十七州——
劉備一介遠房皇親，以販售草鞋維生，
如何異軍突起，以小博大，成三國鼎立之勢？
如何納臥龍軍師、威猛虎將和千萬平民之心？

你不可不知的「**領導力**」、不可錯過的「**管理術**」
就讓劉備現身說給你聽！

目　錄

前言 12
靈言現象 14

Chapter 1
向「有德之人」劉備請教領導論 19
《三國志》是一座「人性學」和「領導學」的寶庫 20
《三國志》時代，天下分為魏、吳、蜀三國 25
從《三國志》所見之「創業」的有趣與「守成」的艱難 28
劉備玄德是「受眾人愛戴的武將」 31
召喚《三國志》的英雄劉備之靈 33

Chapter 2
從「桃園結義」看見的「立志之心」 35
「總覺得，是不是有些晚啊！」 36
「桃園三結義」是劉備、關羽、張飛的立志之誓 39
劉備母親教導了「志向的重要性」 43

目錄

無名小輩是如何功成名就？ 46
對歷史產生重大影響的關羽的「武士道精神」 48

Chapter 3
發揮各人長處的「用人秘訣」 49

成為匯集能人賢才契機的「拯救天下萬民」的心境 50
矢志不渝，方顯品格 52
發現並培育他人長處的能力 54
運用比自己有能的部下的訣竅 56
為人的「器量」與「德」 58
亙古不變的「用人之情」 62
將秉性各異的人組合在一起，有效地發揮力量 65

Chapter 4
孔明和劉備呈現出不同的「德」 69

在整合組織時的絕對條件即是必須「師出有名」 70

組織管理上的「德」是指什麼？ 72
任用類似自己類型的人而遭遇敗戰的孔明 74
理論型人才容易招致的失敗 79
乍看優秀的人卻無法長盛不衰的原因 82

Chapter 5
抓住眾人之心的「仁義」之心 87
將組織發展壯大所必備的「深厚的情感連結」 88
身邊必須要有著敢扮黑臉，勇於「諫言」的人 92
「至少，不能忘掉為他們流過的淚水」 94
「稻穗越成熟，越謙虛地低頭」 97

Chapter 6
劉備眼裡的曹操、孫權 103
曹操作為一名領袖的厲害之處 104
孫權將「防衛」做到滴水不漏 109

Chapter 7
經營者必備的「兩個面向」 111
信奉「性善說」，相信「未來是光明的」 112
兼具「前瞻性悲觀論者」的一面 116

Chapter 8
現代日本有「人才」嗎？ 119
日本的領導者的「問題」和「應有的態度」 120
現代日本的「人才供給源」太過於狹隘 123
從國民代表當中，挑選擔任「政治家、官員、媒體」的「有趣人才」 126
只反對本國的戰爭，而對他國戰爭沒有異議的「某政黨」 129

Chapter 9
劉備悍然發動「關羽復仇之戰」的真正理由 133

「義弟被殺我卻無動於衷，我以後有什麼臉見他」 134
預見劉備會大敗的孔明 137
劉備講述「對孔明的感謝」和「蜀國的極限」 140
如要互相信任，必須抱持著「一同赴死」的心境 141
「戰敗時慷慨赴死」也是殉天之舉 143
「即使壯志未酬，但那份志向也將流傳後世」 145

Chapter 10 值得參考的「做為組織的領導者之德」 149

後記 152

前言

對於有志於政治或企業經營之人來說，《三國志》是一部必讀的學養書籍。要從接連出現於亂世的英雄當中，學習「有德的領導力」，向蜀國的創立者劉備玄德學習應為最好。

雖然他是在二十四歲時揭旗而起，但之後的二十幾年皆很低迷。直到將近五十歲的時候，得到了比他小二十歲的青年軍師諸葛亮孔明，統帥著五虎將軍，終於成就了天下三分之計，從一介賣草蓆草鞋的皇室遠親，成為一國皇帝。在長年的辛勞當中所磨練而出的德性當中，閃耀著仁義、智慧及勇氣的光輝。特別是組織管理當中的「德的力量」，有著比《論語》還要值得學習的地方。

對於樹立著志向，有心創業、為國貢獻的人們而言，此書應可成為那做為起點的一本書。

二〇一七年九月二十六日

幸福科學集團創始者兼總裁

大川隆法

靈言現象

「靈言現象」是指另一個世界的靈魂存在，降下言語的現象。這是發生在高度開悟者身上的特有現象，並有別於「靈媒現象」（即人陷入恍惚狀態、失去了意識，靈魂單方面說話的現象）。當降下外國人靈魂的靈言時，發起靈言現象之人亦可以從語言中樞選擇需要的語言，因而可用日語來講述。

然而，「靈言」終究只是靈人本身的意見，其內容有時會與幸福科學集團的見解相矛盾，特此注記。

向劉備學領導：從草鞋商販到一方皇帝

二〇一五年二月十七日

於東京幸福科學總合本部收錄

劉備（一六一年～二二三年）

字玄德，中國東漢末期至三國時代的武將，蜀國開國皇帝。黃巾之亂時，與關羽、張飛共同參與討伐，功勳卓著。其後，「三顧茅廬」請諸葛亮孔明出山拜為軍師，依「三分天下」之計與吳國孫權結盟，於赤壁之戰中大敗魏國曹操。二二一年東漢滅亡後於成都即位，國號為漢（蜀漢），與吳、魏共爭天下。

提問者

里村英一（幸福科學專務理事〔文宣、市場企劃擔當〕）

齋藤哲秀（幸福科學專務理事〔編輯部門統籌擔當〕）

釋量子（幸福實現黨黨首）

（職務是收錄靈言之時的職位）

第一章

向「有德之人」劉備請教領導論

Chapter 1

《三國志》是一座「人性學」和「領導學」的寶庫

大川隆法：

前天（二〇一五年二月十五日）我在大阪講述了「磨練先見之力的方法」。在講完這個法話之後，我突然感覺到「接下來必須要講述『有德的領導力』這方面的內容才行」。

宗教當中，非常重視「德」。宗教也是培育經營者、政治家、教育家以及站在其他領域「上位」之人的地方，所以在宗教當中研究「有德的領導力」是很有價值的，並且這對現今的日本及世界也非常重要。

仔細回顧一下，歷史上確實有一位「有德之人」，那就是中國「三國志」時代的劉備玄德。我認為他真的是以「有德之人」而聞名天下。

雖然現今幸福科學對於中國嚴厲批判，但是我們也承認中國在歷史上誕生過許多偉大人才，而他們也成為了人類的寶貴遺產，對此我們也完全認同。

此外，中國對日本也產生過巨大影響，過去的日本人也確實曾向中國學習。特別是日本戰國時期的武將們，都對中國的兵法等有所研究。

而到了現代，日本的企業經營者在創業之際，大多會閱讀《項羽與劉邦》（編注：作者為司馬遼太郎）以及《三國志》這兩本書籍，這兩本書成為了他們不可或缺的「歷史典籍」。

除此以外還有《水滸傳》，這本書講述的是相繼逃離京城的英雄們相聚一處，在梁山泊安營紮寨的故事。但是《水滸傳》主要描述的是個人的單打獨鬥，從學習「經營」的角度來說會略感不足。

但湯川秀樹先生似乎很喜歡這小說，對於研究者這類工作人士來說，各種人物彙聚一堂的故事或許會感到很有意思。

然而，「組織戰」、「提高組織力，樹立國家」，應該是非常浪漫的一件事。所以說，無論是《項羽與劉邦》的時代或《三國志》的時代，對於「企業如何在競爭中統一天下」來說，都是很有學習價值的時代。

雖然在《三國志》的年代，天下尚未達到統一，但由於諸葛亮孔明的「三分天下之計」，形成了魏、吳、蜀三國鼎立的局面。

從時代上來看，這時期相當於日本的邪馬台國時期。卑彌呼在《魏志倭人傳》中出現過，卑彌呼曾向魏國派遣使臣，並還受封親魏倭王之稱號，時約西元前三世紀。

《三國志》是一部壯闊的史詩，書中出現的人物多達三千人以上，對此能夠鉅細靡遺地描繪，作者也是非常了不得的人。其筆觸讓人感覺到作者像是親自看過那場景一樣，要將這麼多人分清楚理明白，真不是一件容易的事。

一本描寫了三千多個人物的著作，我認為那是一本「人性學」的寶庫之外，對於經營人才和政治人才來說，亦是一本「領導學」的寶庫。

當時的人們從零開始發跡，之後逐漸創立國家，從現在的話來說就是建立企業，在這個過程中，他們是如何匯集、養成人才，如何一步一步達成，最終創建了國家。從這層意義上來看，那是一場鬥智鬥勇的過程，人們的各種能力經歷了千錘百煉。

因此，我認為《三國志》當中應該蘊藏著取之不盡的智慧源泉。

當然戰爭本身是個悲劇，不是什麼賞心悅目的東西，但是從鬥智的角度看，其內容不僅可以成為現代企業的競爭戰略的參考，亦可以運用於各種的政治競爭、國際間的外交戰當中。

所以，做為一門知識，是否了解《三國志》其中的經緯，將產生巨大的差異。

《三國志》時代，天下分為魏、吳、蜀三國

大川隆法：

若是要對《三國志》的時代進行說明，那需要花很長的時間，所以我不打算細說，只簡單介紹一下。

東漢末期爆發了「黃巾之亂」，國家陷入混亂，之後很多人想將這國家統一起來，於是群雄割據，各種各樣的人物相繼出現。不斷競爭的結果，最後演變成三股勢力並存的局面。

這三股勢力當中，最為強大的即是魏國。魏國的勢力範圍主要是中國的中央地區到北部地區，而盤踞揚子江南方則是吳國，西部也就是四川料理很好吃的那片地方（笑），即是蜀國。

今天我們準備收錄的劉備玄德的靈言，他的活動範圍主要是以蜀國為中心。

從孔明的「三分天下之計」約四百年前，蜀國附近疆土即在項羽和劉邦的時代，發揮過重要作用。

那時項羽十分強大，劉邦被追到中國西部，也就是蜀國一帶。這裡有些地方必須翻越險峻的山路才能通行。劉邦暫時隱匿於此處，之後東山再起，起用韓信等人大舉反攻。

如此這般從西部崛起的例子，蜀國已經是第二次了，這或許已經中國人觀念當中的模型。

因此，建立共產黨的毛澤東的戰略、戰術中，應該也有著「暫避於西部腹地，積蓄力量，捲土重來」的想法。

此外，若以現代宗教的例子來看，創價學會在東京八王子建立了「國度」，據說他們是以蜀國為範本，因《三國志》而受到了啟發。

與之相對，幸福科學則是在「華北」構築了「陣地」。我們在宇都宮等地，也就是東京的東北方地區建立了總本山，這就等於是「在相當於魏國的地方建國，之後再往東京南下」。

而現今本會的總合本部所在地的東京南部，就相當於「吳國」，是一個魚米之鄉（笑），且人才濟濟的地方。

雖然本會的大本營建立於此，但對於東京的西部方面的「攻勢」，稍顯感到不足。

當時就是有那三個國家，魏國有著曹操，吳國有著孫權、孫堅和孫策，與劉備活躍於同一時代的是孫權，然後蜀國則有著劉備。

從《三國志》所見之「創業」的有趣與「守成」的艱難

大川隆法：

關於劉備的傳說太多了，但實際情形到底是如何，則是不得而知。他自稱前漢中山靖王劉勝的子孫，揭竿而起。但這到底是真是假，或許我們不可以太過於追究（笑）。故事就是那麼說，希望事實就真的是那樣，我們也不好用測謊儀去測試真假。

不過，「前漢之王的子孫竟在賣草席」，這實在讓人難以置信，身份跌落得也太大了。

當時劉備就跟他母親二人，住在大樹的附近，靠賣草鞋草蓆度日。

那時他結識了關羽和張飛，並與其「桃園結義」，三人開始並肩作戰。之後他又得了一位軍師諸葛亮孔明，開始在對戰中取勝，並依「三分天下之計」建立了蜀國。至此的經歷，可謂是一齣磅礴大劇。

蜀國與魏國之戰雖持續不斷，但魏國的國力是蜀國的五倍，所以即使擁有孔明這位奇才，蜀國也未能獲勝。之後蜀國數次遠征，卻始終未能取勝，後來孔明逝於五丈原。

劉備死後，其子劉禪即位。曾經有個說法，說他「年幼的時候曾被人抱在懷裡疾馳，那時頭部曾遭受過撞擊」（編注：：明代小說《三國演義》中描述，劉備屬下趙雲曾將阿斗（劉禪小名）抱在懷裡，單槍匹馬地殺出重圍，將阿斗送到劉備身邊。但劉備認為阿斗害屬下身處險境，竟將阿斗摔在地上」）。如此說法實在太嚇人了（會場笑），總之人們對於劉禪都是不太優秀的評價。很遺憾地，蜀國就在劉備的下一代就滅亡了。

但即便如此，蜀國單在劉禪那一代就維持了約四十年，也就表示，那時還是有一些人才的。

建國或者說「創業」，其實是很有趣的。但之後的「守成」，也就是維持事業或國家，不論是在哪個地方，都是非常辛苦的。

即使當時勢力最為雄厚的魏國，也被司馬懿仲達（魏國將軍）的子孫奪取了政權，建立了晉國。這樣看來，守成還真是很難長久。

單純就故事來看，「創業」的確是一件很有意思的事，而現今或許就處於這樣一個時代。

劉備玄德是「受眾人愛戴的武將」

大川隆法：

後人將《三國志》的故事拍成了連續劇、電影等等，所以不少人知道其大概內容。但那本書終究是前人寫的，裡面究竟有幾分真實則不得而知。但即使是虛構的，經過人們反覆閱讀之後，自然就變成了「歷史的事實」。

雖然這次不曉得劉備會真實地回答到何種程度，但此次靈言的焦點應該會圍繞著以下話題。

劉備是否真的是以賣草席為生無法確定，但他年幼時期很窮困是事實。他的父親被貶至偏鄉當地方官後身亡，出生在如此貧困家庭的孩子，後來又建立了國家，如此過程，對於想要興起事業的人們來說，能夠成為很大的參考。並且，劉備究竟是依靠什麼魅力而吸引眾人前來幫忙，這也很值得加以研究。

歷史當中出現了許多武將，但受人愛戴的卻不多。因此，想必劉備具備了某種「德」。

至於這個「德」，是否就是孔子所述說的「德」？還是另有所指？對此我們不太清楚，但今天的提問者當中有一位「很有意思的大叔」，所以在對話的過程中，應該多少可以感受到劉備的人格。

只不過，我彷彿聽到一些聲音說著：「不太希望劉備之靈是一個威風凜凜的男性。」所以他也有可能會稍微偽裝掩飾一下。

但無論怎麼說，劉備玄德的名字常常在本會的教義當中出現，但至今未曾公開收錄過他的靈言，所以今天應該是第一次。

召喚《三國志》的英雄劉備之靈

大川隆法：

開場白大概就說到這裡，接下來就要正式開始。

今天，我們將就「有德的領導力」進行詢問，其內容對於想成為經營者、政治家或某些組織機構的領導人來說，將會是重要的參考。

我們要召喚的是《三國志》中的英雄劉備玄德，但願能清楚地看見他的想法、性格，以及對事物的看法等等。

《三國志》中建立蜀國的劉備玄德啊！

劉備玄德啊！

請您降臨幸福科學總合本部，為我們講述您的本心。

劉備玄德啊！

劉備玄德啊！

請您降臨幸福科學總合本部，為我們闡述您的本心。

感謝您。

（約沉默五秒）

第二章

從「桃園結義」看見的「立志之心」

Chapter

2

「總覺得，是不是有些晚啊！」

劉備：嗯（拍手一次）。

里村：早安。請問您是劉備玄德先生嗎？

劉備：嗯。總覺得，我這靈言是不是收錄得有些晚啊？

里村：實際上您還真是第一次以公開靈言的方式降臨此處。其實已經有很多人希望聽到劉備先生的靈言，但因為有諸多事情耽擱，所以才會拖至今天。

劉備：我一直都在這裡，可是你們從來沒有邀請過我……（會場笑）。是不是因為我沒有具備什麼德啊？

里村：（苦笑）不是不是，沒有那回事。之前有很多靈人都自己找上門，所以才會拖到今天才收錄您的靈言。

劉備：哦，原來如此。

里村：先前大川隆法總裁已經提到，繼「先見之力」之後，應該要講述「領導學」。現今這個時代，應該要學習「亂世當中的領導學」或者是說「創業學」。您做為歷史上一名深受愛戴的領導者，現今亦有眾多的粉絲，希望今天能夠跟您多多請教。

劉備：怎麼感覺你可以很順利地跟中國人進行對話啊！（會場笑）

里村：（笑）沒有沒有。

劉備：你這張臉倒是挺熟悉呢！

里村：不，不是不是……（笑）我長了一張大眾臉。

「桃園三結義」是劉備、關羽、張飛的立志之誓

里村：那麼首先我想請教一下劉備先生您那個時代的一些事情。現今日本也有很多《三國志》的粉絲，所以我想請教一下這方面的幾個問題。

劉備：嗯。

里村：三國志的故事當中有很多出發點，但是真正的出發點，我想就是您與關羽、張飛義結金蘭，也就是「桃園三結義」開始。首先我想請問一下，這個桃園三結義，是不是真的確有其事？

劉備：哈哈，哈哈哈哈哈……（會場笑）。

里村：其實現在有人說根本沒這回事，但我相信「確有其事」。

劉備：（一邊拍手）啊哈哈。

里村：為什麼您在那個階段與關羽和張飛結拜了兄弟呢？您那個時候應該是個無名之輩。我想要先就此來向您請教。

劉備：如果我告訴你「沒有桃園結義這回事」，那豈不是打從一開始就是謊話連篇了？

里村：不會不會，沒這回事……（苦笑）。

劉備：哇，你呀！還真是問了我一個難題。

里村：不是不是，其實我是非常希望您回答「是的，有這回事」（笑）（會場笑）。

劉備：

不管是有還是沒有，反正歷史上說是有。如果不把它當成歷史上確實發生過的事，不就太沒意思了？是不是？

所以，這種事不管究竟有還是沒有，你越覺得「有」、越感覺它是真實的，就越能感覺「那股強烈的情感連結」。

我們三個的相遇算是一種「命運的邂逅」。嗯……。

反正你們是不太相信中國人啦！你們總覺得中國人總是瞎謅，根本不可信。

但假如真的有過「桃園三結義」這回事，最初相遇即立誓的三個人後來建立了國家，並發誓要「同年同月同日死」，即使過了幾十年也能遵守當初的約定，如果真是這樣，中國人也是可以加以信任的吧！

不過立誓歸立誓，實際上是很難辦到的。我們並非是在同一天死的，但彼此的死期很接近是事實。年紀雖然相近，但我的年紀最長，若照順序來說，是先從較年長之人開始死去。

現今，一開始和人合夥創業，但要像桃園結義那樣，自始至終都能遵守約定，不是一件那麼容易的事。

里村：是的，很難。

劉備：而且，彼此的能力也會有所差距，所以那是很難的，即使寫下了契約，也很難遵守到底。不要說桃園三結義了，就算是結婚，有些人不到三年就守不住當初的約定了，更何況是要和他人搭夥，不是那麼容易的。在這層意義上，在過去的中國曾有人立下了誓言、遵守了義理，這成為了一種美談。是不是真的像電影裡面描述的那樣，桃樹下大開宴席莊嚴立誓，這個暫且不論，但我想你們可以認為，他們彼此確實樹立了某種立志的誓言。

劉備母親教導了「志向的重要性」

里村：用現代的話來說，那個時候，彼此默默無聞、既無資本又無裝備的人們聚集在一起，立志起誓。為何您在那個時代樹立那般志向呢？

劉備：這個嘛，人們總是不太相信，雖然我自稱自己繼承了西漢的血統，但人們總是不斷地質疑。那時候可不像現在有基因檢驗，但我從小就是聽我母親是這麼說的，所以我才會有那般自覺，該怎麼說呢……？我當時做的工作，用現在來比喻的話，應該相當於什麼呢？應該就相當於送報的少年吧！這樣比喻應該沒有關係吧？

里村：不會、不會。

劉備：

不過要是把我視為和某個人一樣，那就不太好了（編注：一般認為他口中的某個人，指的是小時候也送過報紙、收錄靈言當時擔任文部科學大臣的下村博文）。

我當時就是個賣東西的，就是那種隨處可見的小攤販。在東南亞國家，這種攤販到處都是。我就是那樣一個攤販少年，但卻心懷大志。

這些都是源於我母親的教育，從小她就告訴我：「雖然現在我們家道中落，你父親也過世了，我們沒有收入、生活貧困，但是你身上卻流著高貴的血統。所以你有朝一日，要成為能對天下發號施令的大人物。」她教導著我「即使現在只是個賣草席的，但你絕不可忘記要有著遠大的志向」。

如果沒有母親的教誨，我很難取得後來的成就，不可能簡簡單單從一個商人就發跡了。

這在歷史上是真是假很難去調查，但母親確實是那樣跟我講的。

我想我那過世的父親，生前也曾聽過這種說法，「雖然現在我們沒落了，但身上卻延續著漢室的血脈」。當時村子裡也有這種傳聞。

無名小輩是如何功成名就？

劉備：那個後來成為我同志的張飛，他的父親就是個賣肉的，而他就是從一個切肉的變成砍人的，這人天生一副蠻力。另外還有關羽，他能力出眾，但他原本是教書的先生。在私塾裡教孩子讀書的老師，多少有些學問。所以在孔明出現以前，關羽有著參謀的那一面。只不過，我們最初幾乎像是一群義勇軍，總之想要樹立些戰果，引人注目，進而才能招兵買馬。現在那個伊拉克．．．．．．，叫什麼來著？看看那個叫「伊斯蘭國」還是什麼的，就有點讓人發寒。

里村：（笑）。

劉備：看到他們那樣地創造戰果，試圖從全世界招募同夥，真的會讓人感到發寒。所以還是不可太將我們和他們相提並論。但無名小輩想要成就功名，就必須拿出某些戰果，小人物藉由戰勝強者、戰勝前人，引人注目，讓人興起「想要參與其中」的想法是很重要的。所以，小規模的成功在某種程度上還是必要的。

里村：原來如此。

對歷史產生重大影響的關羽的「武士道精神」

劉備：

我們三人將這份結義堅持到最後，這是很罕見的。

的確，關羽曾為曹操所俘，被曹操待以上賓，但他卻從未背叛盟誓，做為那個時代的中國人來說，這是很罕見的。

嗯，該怎麼說呢？用日本的話來說的話，就是一種武士道精神吧！也跟歐洲的騎士道精神有些類似，讓人有著孤高桀驁的感覺。

如此精神對於後來的歷史還是有著一定的影響。或許「師徒之道」、「君臣之道」，是從如此精神衍生而出的。

第三章

發揮各人長處的「用人秘訣」

Chapter

3

成為匯集能人賢才契機的「拯救天下萬民」的心境

里村：您方才所言，其實就是今天靈言想要詢問的重點之一。關羽、張飛以及諸葛孔明等等的英雄豪傑、能人賢士，都聚集在您的身邊，這讓曹操很是羨慕。另外您剛才也說到了，關羽的氣節至死皆未改變。當然，其中亦有著關羽本人的努力，但另一方面亦是您十分為他所仰慕。您認為到底是為什麼有那麼多有才能的部下齊聚在您的身邊？

劉備：

我其實很晚才發跡，我為世人所知時，其實已經不算早了。

我可是飽嘗過貧困，所以知道貧困之苦，也體會過黑暗的世道，該怎麼說呢？在那段貧困時期，我徹底看到了社會的表裡，在某種意義上，我是熟知人情世故之人。

我對他人之情十分敏銳，而那般情意，當然亦和「愛」相通。看到眾人之苦，也當然會興起愛心。而這股愛心成為了慈愛之心，進而形成了想要「拯救天下萬民」的想法。

所以，在我的志向當中，有著「拯救天下萬民」的心情。這種說法雖然有點不知天高地厚，但多少有點想要成為小小救世主的心願。而如此心願，變成了一股向心力，眾多能人賢士聚集到我的身邊。那些才能在我之上、武力比我強大、比我更加智慧的人們，皆紛紛前來幫助我。

矢志不渝，方顯品格

齋藤：也就是說在初期階段，那種貧困、苦楚、默默無名的經歷，成為了後來引導他人的力量嗎？

劉備：嗯。當然有很多人在那種環境下成長會變得貪婪卑劣，在人前變得自甘墮落，要不就是掠奪、偷竊或暴行累累。

齋藤：是。

劉備：

多數人會都在那樣環境中墮落，但我當時有所自律，並且抱持著志向，將那些負面的環境當做跳板。

那時候我的工作只是一個賣草席的，人們都認為我是一個孝子。而這個被人們評價對母親很孝順的人，亦有著偉大的志向。

當時，黃巾起義後，國家便陷入了混亂。

說白了，中國也是有革命思想的國家，天下大亂之際，必會爆發革命。雖然，中國的話語並非是這麼說，但在某種意義上，那亦是「救世主誕生」的時刻。

天下大亂之際，上天一定會派人下凡，引導世人。於是就會有各種人自稱「我就是上天派下來的那個人」，於是在群雄逐鹿之間，漸漸地那個人就會嶄露頭角。救世主還必須要在競爭中勝出，如此命運說乖舛還真是乖舛。

我當時的確是想要平定戰亂、一統天下，建立一個和平繁榮的國度。我的確不知天高地厚，心懷那般志向。雖然身分低賤，但十年、二十年，我始終矢志不渝，漸漸地如此志向在我品格上顯現出來。

發現並培育他人長處的能力

里村：您指出的這一點太重要了。在亂世當中，無論是中國歷史還是日本歷史，那些「將自己名垂青史」做為首要目標的人，最終的結局往往都是覆滅。但您卻是無法對蒼生疾苦視而不見，我想這就是一切的原動力，並且也是和其他人不一樣的地方吧？

劉備：

我絕對是把這個放在第一位的。雖然我個人的力量很有限，最多只能照顧到自己的親友，但我的志向是要兼濟天下萬民的，雖然這聽起來好像是在說大話。

此外，我在抱持著那般遠大志向的同時，我認為我還有著發現並培育他人長處的能力。

我自身的能力畢竟有限，並且也沒有那麼多的能力，能透過後天修行磨練。

但天下人才濟濟，如能加以有效利用，並將其彙整，必定能做出一番大事業；我當時有著如此如木匠般心境。「將各路才俊匯集，一定能有一番作為」，我有著如此心願，所以才會紛紛地起用眾多人才。

運用比自己有能的部下的訣竅

里村：我們也在幸福科學當中學習領導學，很多人在創業時，其個人的能力簡直像是超人，在各種技術和能力方面，都比自己的部下或員工厲害，並將公司發展壯大到某種程度。但您似乎不是這樣的類型，您的手下有關羽、張飛，之後還匯集了許多英雄豪傑，甚至諸葛孔明那般具智謀才能之人也來助您一臂之力。通常，創業者很難好好運用這麼多有能之人。我想直接地問，是不是有什麼訣竅，能妥善地運用比自己還有能的部下呢？

劉備：「復興漢室」，這可以說是我當時揭竿的名義、口號了。若是要復興漢室，會是誰做為帶頭的呢？我想終究還是有著「血脈」之人吧！即便有人有能力，但沒有血脈也是不適合吧？這和日本的皇室也是一樣的道理吧！日本皇室持續了一百二十五代，不論是在哪一個時代，一定會有許多比天皇還有能力的人，但如果沒有血脈，也是無法成為天皇吧！所以，我應該是被分類到「血統菁英」。而我就將這個部分，一部分地用在揭竿的名義上。

為人的「器量」與「德」

釋：您提到「復興漢室」的大旗，我想那不會僅是聽到您母親的話語，您是不是有感受到佛神的旨意或者說是「天意」呢？

劉備：

我的母親，說來也是位偉大的女性。

能把男孩子養大成人，母親的力量的確偉大。母親確實為我指明了方向，也就是「事有輕重」的道理，即使是好事，也分為「大事」和「小事」。

我的孝順的確受到了好評，但是母親教導我「比起孝敬自己的母親，還有其他更重要的事做」。因此我才會奮不顧身地……。

也就是說，我是一個沒有照顧母親，為了成就偉大的事業而離家的人。

一般來說，母親都希望孩子留在自己身邊，快樂地度過一生，但她清楚地認為「如果是這樣的話，你就沒有辦法遂行自己的使命了」。

大部分的情形，少年若能心懷大志，通常都是受到母親很大的影響。

而自己那般精進之姿，其實是有很多人都在看著。自己雖然沒有察覺，但會有很多人在各種各樣的場合看著自己。

之後，在不知不覺之間，「天時」就會來臨，人才就會出現聚集。

在必要之時，必要之人就會出現。

而如何妥善活用這必要之人，即是難題所在了。

（對里村說）如同你方才所說的，當公司變大之後，就會陸續出現比創業者本身還要優秀的人們，所以就會變得難以駕馭。

拿日本的例子來說，松下幸之助先生是一位名人，他連小學都沒有畢業，當時他與家人一同創建一個小公司，之後公司規模逐漸擴大，漸漸地公司開始聘用大學畢業、研究所畢業、海外留學回來的人，要如何好好用這些人是一件非常不得了的事。

但是我認為他並沒有跟這些員工持續灌輸「我比你們更了不起」的想法。

他不失謙虛，並且非常努力地讓部下的才能大放異彩，就在這過程中，擁有卓越能力的人們，感受到他做為前輩的「德」，進而變得更是努力工作。

或許有很多人認為論資排輩是理所當然的事，但是那只適用於無法判斷能力高低的時代。在明顯能看出能力是否突出的時候，論資排輩是行不通的。

在憑藉武力打天下的時代，實際上年輕人的實力是比較強的。十幾歲、二十幾歲的年輕人，武力其實是更勝一籌，運動的領域也是同一個道理。所以說，武力和運動有相似的地方。因此如果想成為將軍的話，就得趁年輕之時，上了年紀就會變得很難。

只不過，人的「器量」其實是有很大發展餘地的。

這些能人、強者，他們彼此會相互競爭，當然也必須讓他們互相競爭，而創造一個「競爭卻不失協調」的氛圍，就必須依靠領導者的「德」。領導者必須在彼此競爭的過程中，還能夠使其相互協調、融合；這方面的「器量」非常重要。

若是器量小的話，過程中就必定出現紛爭，最後導致對戰、分裂。

亙古不變的「用人之情」

齋藤：當時，有所謂的「五虎將」，在您拔擢的將軍當中，除了剛才提到過的關羽、張飛以外，還有趙雲、黃忠和馬超等人。除此之外，還有位軍師諸葛亮。但是他們這些人，簡單來說就是「極具個性」，每個人的個性都很強。雖然還不到自我強烈的地步，但每個人的意志都非常明確、念力很強，在提出意見的時候都很強勢。當這些人都立下戰功，聚在一起會發生衝突，好比意見相左、方法不同，當然還不至於產生不協調或反叛出走的情形，但可以想見，他們之間會出現一些糾紛。在這種情況下，您都是如何裁決的呢？此外，您提到了「一方面使其協調，並同時使其發展」，要做到如此境界的關鍵是什麼？

劉備：

直到現代也是一樣，人情世故是不會改變的。

資深的人會囂張跋扈，即便後進之人很優秀，但總免不了會遭到排擠或被故意使壞。但如果主事者太照顧後進新人，資深的就會吃味跳腳，如此情況一直都有。

所以，就算是關羽或張飛，當我開始倚重比我小二十歲的諸葛亮，奉他為軍師時，即使大家都是男性，他們也不免會心生嫉妒。簡單來說就是，他們乾脆對諸葛亮不理不睬。

不過，這也是測試孔明能力的機會，否則就難以服眾。就像故事裡寫的，我們採用他的奇謀之後大獲全勝，關羽、張飛看到之後，便承認自己沒有那份才能，這些前輩們才願意歸順諸葛亮。而後來的那些不知分寸的小輩們，也跟他們一樣，從此安分守己。

人才總是要有被測試的時候，如果挑選出來的人才因此而失敗的話，主事者就必須承擔責任。所以說，人才的任用還是會有失敗的時候。

將秉性各異的人組合在一起，有效地發揮力量

劉備：

人總是想和自己類似的人為伍。

武者喜歡武者，劍術高手喜歡劍術高手，馬術高手喜歡馬術高手。神射手跟神射手、神槍手跟神槍手、酒量大的人喜歡酒量大的人，一般都是這樣。力氣大的人，會自豪於自己的力氣，喜歡學習的人，就會喜歡和有著閱讀習慣的人講話。因此，對於那些和自己不同類型的人，就比較難加以認同。

而若是說到經營方面，主事者就必須要將秉性各異的人組合在一

起，進而有效地發揮力量。在認同其能力差異的基礎上，必須要去思索「到底要如何調配，才能夠提高成果」。

就如同你們所知，孔明手無縛雞之力，都只是坐馬車，也不走路（笑）、也不騎馬，手上還拿著那個……

里村：那把白羽扇。

劉備：整天都搖著那把扇子。這幅模樣，一刀揮過來就會被砍死，但他有著足夠智慧，不讓自己置身於那種險境。他有著於千里之外決定勝負的智慧。所以，必須要讓周圍的人們認同「我們需要諸葛亮的能力」。雖然有些人實戰能力非常強，但一個人的殺敵數目畢竟還是有限。像項羽那樣的人，或許能夠砍殺一千人，但要治理國家，單憑個人的武力是遠遠不足的。

里村：是。

劉備：只憑強大的武力終究是不夠的，必須要有兵法，還需要軍律。如果沒有人有著如此謀略、秩序、統制的智慧，那麼就很難創造一個能逐漸擴大的組織。

里村：是。

劉備：僅是顧著相互競爭是不行的。

第四章

孔明和劉備呈現出不同的「德」

Chapter
4

在整合組織時的絕對條件即是必須「師出有名」

里村：當時您三顧茅廬請孔明出山，其實就相當於現在企業的最高經營者，直接登門挖腳，以補足企業內被視為「弱點」的部分。此時，那些從以前就待在企業當中的有力部下或者是上位者，當然很容易會出現嫉妒心，心想「這個乳臭未乾的小子！」實際上，您和孔明的年紀相差甚遠，但即便如此，您依舊能夠調和地非常妥當，我想這就是您方才所說的「要提高成果」，以及領導者必須要經常強調協調和秩序，對吧？

劉備：不過，如同我一開始所說的，必須要先搞清楚，我們到底是為何而戰？師出必得有名。以企業來說，若沒有先樹立起為何要讓事業擴大的理由，或者是師出無名，那麼日後不管怎麼努力都沒有用。譬如，只是想要賺錢，企業的目的只是想要提高利潤的話，那是不行的。公司的領導者是否打從心底相信「我的公司所遂行的工作，必定能夠對於世間有所貢獻」，這才是關鍵所在。如此信念，組織才會活起來，如此「師出有名」，是整合組織時的必要條件。

組織管理上的「德」是指什麼？

劉備：當然，人的能力會出現各種差異，任用有特色之人，確實也是挺難的。雖然不到「藤條」與「糖果」的程度，但是該訓斥的時候就得訓斥，該褒獎的時候就要褒獎，賞罰的手段總是要有的。

里村：是。

劉備：基本上，培養對方的優點很重要。然而，若僅是培養對方的長處，彼此自我肯定的想法又會逐漸壯大。於是，就會碰撞在一起，出現火花。

從張飛那樣的人來看，諸葛亮孔明這種男不男、女不女的人，竟然能和劉備相談甚歡，我想他一定會感到非常生氣。「和我的武力相比，他哪裡能派上用場？」想必張飛有著如此想法。但如果雙方都是學者或者戰略家、兵法家，彼此的知性力量一定會有差異，彼此相互都會知道哪一方比較高明。

從現代來說的話，好比是評論家，如果某人說話的內容，最後就真的變成那樣的話，漸漸地人們就會開始聚集、跟隨此人。

就像這樣，必須得拿出實際成績才行。

在那個過程中，能夠整合彼此同志的力量，即是一種「德」。

孔子所說的「德」，沒有提到這一點。

他強調的是「智、仁、勇」，但是對於組織管理上的德，我認為孔子並沒有多大察覺。

任用類似自己類型的人而遭遇敗戰的孔明

里村：這麼說來，統整各個具有個性、能力的部下，並提升整體的組織力，其關鍵就是領導者的「德」。

劉備：沒錯。

里村：這個「德」，說得明白一點，那是一種什麼樣的力量呢？

劉備：

如果只從頭腦聰敏的角度來看，諸葛亮孔明比我還要聰明，但觀看後世的歷史就能知道，孔明喜歡任用和他自己很像的人。好比馬謖這位軍師，他是個秀才，孔明拉拔這個秀才，彼此有著魚水之情，馬謖可以說是孔明的大弟子。孔明原本希望培養他成為自己的接班人，但馬謖卻沉溺於謀略，最終在街亭之戰中大敗。

街亭之戰的意義非常重大，孔明唯恐出什麼紕漏，所以謹慎又謹慎。孔明告訴馬謖該如何佈陣街亭，甚至派出隨從，要求他去探勘並報告馬謖是如何佈陣的。並且為防萬一，還派遣了副將和馬謖一起去街亭。因為孔明知道，一旦街亭之戰落敗，之後的仗就難打了。

只是，兵法這個東西實在太難了，因為其中有相互矛盾的地方。

你們所學的宗教當中也有著教義，不同的人適合不同的教義，對吧？適用在這個人身上的教義，有時不一定適用在其他人身上。因為有時方法上會有著矛盾，依此人的選擇，結果就會不同。

兵法也是一樣，端看你用哪一計。

「背水而戰，置己於死地」，這在兵法中是大忌。因為如果背對河川作戰，有可能會被敵軍逼退至河裡而淹死。然而，韓信卻反其道而行，背水一戰，結果卻大獲全勝。因為「已經無路可退了」，所以只能全員突擊，其結果便是打了勝仗。

此外，還有把飯釜打破，意思就是「除了打敗敵人以外，否則就沒有活命的機會」，進而大家全力奮戰。

就像這樣，兵法需要加以活用，此外還必須研究對方的智慧謀略。研究對方的謀略、與對方兵力上的差距，之後再靈活使用兵法；這一點是非常困難的。

當時的馬謖的確是個秀才，他那樣佈陣的意圖在於佔據居高臨下的優勢。街亭是個地勢比較高的地方，所以他認為如果將部隊安置在高處，那麼既可以遠觀下方的動向，更能自上而下衝殺下去，一鼓作氣將敵人衝垮。因為下方的街道很狹窄，所以可以從上到下衝垮魏軍。

但孔明不是這麼想，他明明是命令馬謖「在街道上佈陣」。然而，馬謖卻堅持「從兵法來看，應該把陣營設在高地，那裡視野開闊，有利於獲勝」。不過，水源是個問題，佈陣在山丘上，就意味著為了確保水源，必須要走下山谷去取水。

孔明看到隨從送來的佈陣圖，就立刻發現「馬謖必敗無疑！」對手魏國看到這個陣勢也一目了然，「這個毛頭小子還在生搬硬套兵法？到底懂不懂啊！」

馬謖本打算一鼓作氣衝下來殺散魏軍，但卻在一夜之間被對方包圍。這可怎麼辦？為了去山下取水，就必須得拚死作戰。因為如果被切斷了水源，人就活不下去了。很快地大家就渴得冒煙，於是一哄而散各自逃命去了。

所以後來才就有那個故事，孔明原本想將馬謖栽培為自己的接班人，卻不得不按照軍律，在眾人面前「揮淚斬馬謖」。如果不殺他，是無法彌補幾萬將士命喪黃泉的罪行的。

理論型人才容易招致的失敗

劉備：

就像這樣，孔明的故事一直流傳到現在，但就算聰明如孔明一樣的人，終究還是喜愛和自己同一類型的人。

街亭之戰中，馬謖身邊有一位身經百戰，具有豐富實戰經驗的副將，他曾經屢次勸說馬謖，這樣做非常危險，是違背孔明的指示，但馬謖就是不聽。

放到現在來說，就像許多東京大學畢業生，有著高學歷且目中無人，常常不聽別人的建言。他們總覺得自己聰明，即使頂頭上司已經在這行幹了三十年，他們也會覺得「此人年紀大了，他那一套已經過時了」、「現在是電腦時代了，不用電腦傳教，那你要用什麼傳教啊？電腦才是最神速的傳教工具，用電腦傳教就可以了」。

的確有些寺院是用著電腦進行人生諮商（笑），但這樣一來，人就不用去寺院了。其實上，寺院的古老就是其價值，其古老、佛像等等這些才有價值，如果不教導人們其尊貴性，是不會興起信仰心的。

然而，現在的寺院卻都想開咖啡館，走現代風。不知道他們最終的結果是成是敗，但都是非常危險的兵法。

有經驗的人當然見多識廣，但是不明白這一點的人，只覺得那些有經驗的人笨，而習慣於考慮如何在理論上用最短的距離得出結論，這就是頭腦好之人的特徵。

如果能有多次實戰經驗，經歷各種失敗，此人便會明白眾多道理。但那些未嘗失敗滋味的人，一不小心，這種人是「最可怕的人」。頭腦好且沒有失敗過的人，其實是最恐怖的。

馬謖在征討南蠻時立了大功，也因為這些戰績，所以獲得信賴。然而，南方蠻族跟魏國的戰力根本無法相提並論。

魏國的國力是南蠻的數倍，並且還有堅實的補給系統，文臣武將人才濟濟。就如同下象棋時觀棋譜一樣，有人能在一瞬間就看透對方的意圖，而在那場戰役裡，看了馬謖的佈陣，魏方就明白了馬謖有幾斤幾兩。如果派出個老手出擊，馬謖必敗無疑。

而我就不是那般理論型的頭腦，我會照顧武將、食客，女人、小孩，還有村民，也就相當於現在的市民。這股想要照顧人們的心情，應該都傳遞給了大家，這種包容萬物的胸懷，是和理論型頭腦的人不一樣的。

乍看優秀的人卻無法長盛不衰的原因

里村：也就是說，因為您認同並尊敬那些和自己個性、能力不同的人們，如此寬容之心、如此企業文化，提升了後來蜀軍的組織力嗎？

劉備：嗯。我想這也就是民主主義受大家喜愛的原因吧！優秀之人帶領大家前行，取得成功的例子確實不少，但是往往很難長久持續。像剛才馬謖的例子是一個特殊事例，在歷史上也很少見，讓人留下深刻印象，但如果是現代的例子，可是數不勝數。

里村：是。

劉備：

　　譬如，沒什麼學歷的父親一手創建了一家公司，並使其發展壯大。公司規模大起來之後，就聘用了各種各樣的人，也有能力聘用大學生了，也賺錢了。還有能力讓自己的孩子接受好的教育，給他們請家教，讓他們上補習班，把他們送進知名大學，好比東京大學、慶應大學這種名校。之後又覺得「還是得讓他們到外面磨練一下」，於是又讓他們進了大企業。然後再召回自家公司做個部長之類的，最後繼承家業。然而，最終往往孩子都把公司搞垮。

里村：是。

劉備：明明學經歷比父親好那麼多，居然讓公司垮掉了。其原因就在於，這個孩子沒有看到大家以前是如何揮汗、費盡智慧才把公司一步步做大，他覺得「那種東西已經過時了。而我曾經待過的百年以上的大企業，他們企業文化才是最先進的，如能引入我們公司，我們一樣可以取得長足發展」。然而，那些根本不適合這間公司，於是便會出現人才出走的情形。

里村：是。

劉備：父親那一代備受重視的老臣們相繼離去，如今聚集而來的又是只和兒子合得來的人，於是公司便開始走向分裂。而當他想為公司注入新的基因時，很遺憾地，他自己無法承受那重擔，最終就只能以失敗告終。所以說，一般人都認為大企業才是先進的，但是企業越大，身於其中修行，其實就只是像是一個齒輪，無法看見公司的全貌。

里村：是。

劉備：

在中小企業中，若是看不見全貌，就無法經營下去。在一間大企業中，雖說做到了課長、部長，但其實還是沒有看到企業整體，所以即便從大企業跳槽過來，一樣看不到公司的整體情形。其他部門的負責人，彼此互相牽制，大家一同看管著公司整體，但如果缺了一兩個人，公司就會出現破綻。在這層意義上，即便兒子是菁英，也常常會在日後遭遇失敗。或者是到了第三代孫子那一輩，公司就會崩潰瓦解。這種人說多少都沒有用，因為他就是想好好利用自己所身處的立場，選擇一條最便捷的線路，但結果往往就是失敗。

孔明和劉備呈現出不同的「德」 4

第五章

抓住眾人之心的「仁義」之心

Chapter 5

將組織發展壯大所必備的「深厚的情感連結」

釋：這樣說來，若想讓組織擴大，就必須不斷創造出如您一樣的分身，這當中有什麼訣竅嗎？要如何才能創造出來呢？

劉備：雖然說是分身，但每個人的性格都不一樣，無法成為完全的化身。常說經營者必須要創造自己分身、老闆的分身，但實際上，每個人的性格、能力、適性都不一樣，所以未必能夠成為分身。但雖然無法創造分身，但至少必須要創造出「深厚的情感連結」。如此連結，就好比是太空漫步時身上所綁的繩索一樣。必須要用這如同繩索般的「情感連結」，讓彼此串連在一起。譬如，文科出身的老闆，完全不懂什麼技術，就算有許多優秀的技術人員出現，也無法成為老闆的分身，因為他們無法理解老闆的想法，說話的邏輯也不同。

里村：是。

劉備：

當然也有相反的例子，譬如，理科出身的老闆，他透過卓越的技術將公司慢慢發展起來，但就算後來進來了很多文科出身、對管理有深入研究並在國外取得MBA學位的人才，這些人所講的話老闆也聽不懂，所以他們也沒有辦法成為老闆的分身。

所以，雖然他們不像自己的孩子，變成和自己一樣，但是彼此之間「情感連結」還是必須有的。

而這份「情感連結」究竟要如何創造出來呢？其實就是剛才所說的「師出有名」，也就是必須要有著「遠大理想」。必須要透過這遠大理想，將大家的心串連在一起。

除此之外，還必須要「洞察民心」，也就是了解庶民在想些什麼。必須要抱持著「慈愛之心」，為人們的幸福著想，支持著他們。

現今是菁英的人們，也並非一開始就是菁英，有很多人是到自己這一代才是菁英。有些人的父母親很貧窮，或者是祖父母的時代很貧窮，兄弟姊妹、親戚也不是過得很好。對此有所體會，抱持著同理心，方才能夠說是了解庶民之心。

「師出有名」、「洞察民心」，這兩者綜合在一起，即會出現「情感的連結」。

對此，人們是無法加以反對的，用這兩者綜合起來所形成的心的繩索，將彼此的才能串連起來是很重要的。

所以說，不可以和有著才能之人相互較量競爭。

里村：我想就正是這份心念，在您出荊州南下的途中，您的身後才會跟隨了那麼多的黎民百姓。

身邊必須要有著敢扮黑臉，勇於「諫言」的人

齋藤：曹操大軍攻向荊州之時，十幾萬百姓仰慕您而來。然而，在您南下之際，曹操大軍已經從後面追上來了，有一名將官認為「這樣會被曹操追趕而上」，於是對著您說：「主公，我們還是丟下這些平民趕快跑吧！安全第一啊！」但是您卻說：「你在說什麼啊！這麼多人跟著我，他們都是為了我。人民才是第一！丟下他們的話，他們會多麼寒心啊！我必須保護他們的安全。」關於這份關愛庶民之心，能否請您再與我們多說一點？

劉備：那是一種「仁義之心」。如果捨棄了庶民，那就根本沒有必要建國了，對吧？當然，我也有無力保護他們的時候，戰力有所差異時，也

會吃敗仗。但對那些仰慕我而前來的人們，必須要讓他們知道我會全力加以保護。會跟我說「不有所取捨的話，就無法全身而退」，基本上都是軍師，但我身邊也必須要有著能理性對我諫言的人。

里村：原來如此。

劉備：

這絕對是個扮黑臉的角色，但終究還是必須要有著毫不猶豫斬斷情份的人。這些人索性扮著黑臉，對上位者「諫言」。

實際上，若想變得強盛、偉大，還真的需要如此敢進諫之人。這些人會毫不留情地指出：「不可沉溺於情感！」、「如果主君不能活下去，就無法拯救國家的危難」，「請您馬上逃命去」身邊有著能說出這樣的話的人非常重要。

這樣的人雖然是扮著黑臉，但理性地思考之後，有時其實也沒有其他選項可選。

如果跟自己的民眾死在一起，或許是對他們盡了義理，但「拯救天下蒼生」的「理想」也將隨之破滅。

屆時自己一定會夾在中間左右為難，所以終究還是需要有著敢對我諫言之人，此人會幫我切斷那情感的部分。

「至少，不能忘掉為他們流過的淚水」

劉備：

真的是很不忍啊！但這股不忍的心情，會傳達至民眾心中。這股「真是不忍心對你們見死不救啊！但也真的沒辦法帶著大家一起走啊！」的心情，會傳遞至人們的心裡。

即便當時沒有電視或報紙，但這種關愛庶民之心，終究還是會傳至人們心中，並且廣傳至各地。

譬如，現今急速成長的公司或者是政治家，「這些人真的是很在乎人們的幸福」，如此事蹟、心境，會到處口耳相傳。於是，那些人們就會成為下一場戰役的支持者。

當此人到下一個國家的時候，人們其實是會打量「此人是凶惡之人？還是好人？」在媒體不發達的時代，大家都是靠風評來判斷，到處都有著自己親戚，「親戚因此人受到了什麼委屈」，如此傳言會到處流傳。

距今一千八百年前的時代，也有著那般意義的「輿論」，輿論和民意畢竟還是存在的。

真的還是有著無可奈何，只能選擇以理性加以面對的時候。對此，就必須依靠軍師等頭腦靈活的人來判斷，或者是透過武將來正面面對，總之就是有著必須縱觀「大局」來做出判斷的一面。

當然，領導人透過經歷各種經驗，會漸漸有所磨練。

但是有一點千萬不能忘。公司也是一樣，發展起來之後，如果老闆就開始得意忘形了，驕傲於自己的才能、自己的產品，開始自吹自擂地說著「我家的產品天下第一」，如此得意忘形的話，就會逐漸失去了員工的心，當然客戶也會逐漸遠離。

這一點絕對不可忘記。

所以說，即使不能救他們於水火，但至少不能忘掉為他們流過的淚水。

里村：您教導了我們一個非常重要的道理。

「稻穗越成熟，越謙虛地低頭」

里村：您「隱忍的時期」和「痛苦的時期」非常地長，我們剛才也瞭解到，即使在這種時候，您也沒有打算棄百姓於不顧，而百姓也一直追隨著您，並且您也從來沒放棄過復興漢室的理想。我想任何一家公司都會經歷「忍耐之時」和「痛苦之時」，屆時，我們應該如何獲得那般忍耐的力量，或者是堅持下去的動力呢？

劉備：

不經鍛造的刀劍，是很容易斷裂的。

「順風」、「順境」之時，很容易讓人迅速成長，這固然很重要，但是不經水火鍛造的刀劍，是很容易折斷的。

成功往往不是一直線就簡單取得的，必須經歷屢次的撤退、敗仗。期間所經歷的各種慘痛經驗，其中就存在著「忍耐的訣竅」。

智者以「智」為傲，武者以「武」為榮，血統高貴之人為自己的「血統」、「家世」自豪。貌美者為自己的「美貌」沾沾自喜。雖然各自都有自己的優點，但是過於沉溺其中自我陶醉的話就不好了。

也就是說，對於自己的長處要心存感激，但與此同時也應該明白，今天的成功不是憑一己之力得來的，越是成功，就越是要想「是因為借助眾人的力量，才有了現在的自己」。

一開始只有三、四個人的公司，逐漸發展成擁有成千上萬人的大企業。發展的過程因為眾人的加入，公司才能像大河一樣奔流向前，靠的絕對不只是自己的力量。

當然最初是靠老闆一個人的力量，但是到了後來，就會陸續加入眾人之力。

此時的為人處世之道就不是那麼簡單了。

公司或者組織壯大以後，就必須具備有與之相符的格調和氣派，在社會上展現出應有的體面。但與此同時，也要懂得放低姿態。「自己不是一帆風順過來的，也是經歷了眾多失敗才有今天。在此期間，在那艱難困苦、飽嘗失敗的時候，有許多人幫助過我、支持過我、寬恕過我」抱持如此心境非常重要。

當然，期間也有很多人因此遠去，對此依舊必須要抱持著遺憾之心。

現今你們收錄了許多藝人或者是藝人守護靈的靈言，這些人都是年收入數億日幣的人們。若是從世間的角度來說，這些人的收入已經比大公司的老闆還要多。那些運動選手、藝人、演員，賺了幾億日幣，其實儼然比大公司的老闆還要厲害。

然而，應該沒有看過這些人表現出囂張狂妄的樣子過吧？大家都是說著「我只是運氣好，碰巧而已，我不覺得我可以一直這樣紅下去」、「都是託導演的福」、「全靠共同出演的同仁們的努力」、「全憑大家支持，我才能走到今天」、「都是因為劇本寫得好，我才有今天的成績」、「多虧家人的支持」、「都是得到了各界幫助，我才有現在的成績」。

這是當然的，「越是成熟，就越是懂得謙虛低頭的稻穗」類型的人，這些人的成功將會繼續延續下去。然而，稍微有點成績之後，就立刻目中無人，說著「這一切都是靠我！」、「我真是了不起」、「我真是才華過人」、「大家以後跟著我就對了」等等，這種態度傲慢的人，總有一天會從高處跌落。譬如，過去的織田信長，安國寺惠瓊就預測「他遲早會跌下來」。

里村：是的，沒錯。

劉備：這種「全靠老子一個人的功勞」的態度，會讓人們敬而遠之。簡單來說，大家都在努力、都很艱辛，但成功之人的共同點就是，越是成功就越不自滿，反而是充滿感激，並且感覺是命運垂青、上天眷顧。這種人的前方還有更大的成功等著，而那些認為全都是自己功勞而不可一世的人，終究會走下坡。並且，此人的身邊就會漸漸地只剩下唯唯諾諾之人，就曉得逢迎拍馬，變得像是宦官政治一樣，沒人敢說嚴厲的話語。因為膽敢說這些話，馬上就腦袋搬家。人的成長過程中，終究必須要有人跟你說嚴酷的話語。

里村：原來如此。

第六章

劉備眼裡的曹操、孫權

Chapter 6

曹操作為一名領袖的厲害之處

里村：您的一席話真的受用良多。在與您同時代的對手，如果是企業的話那就相當於競爭企業了，當時有魏國的曹操和吳國的孫權。

劉備：嗯。

里村：無論是招攬人才的方法還是國力，魏國都具有壓倒性的優勢，曹操獲得勝利也毫不稀奇。而佔有地利優勢的孫權不一會兒地實現統一，也沒什麼奇怪。然而，實際情形並非是如此。

劉備：嗯。

里村：就您看來，曹操或者是孫權，做為一名領袖，您認為他們有什麼過人之處？此外，或許有點難以回答，您覺得他們什麼不足之處呢？

劉備：已經是「三分天下」各據一方了，所以這個還真有點難說，其差異或許可以用「日本職棒中央聯盟和太平洋聯盟」來比喻。

里村：只不過，以一介平民之身取得大成的就只有您了。

劉備：曹操的過人之處，應該就是「禮賢下士」吧！他比我更徹底地關愛能人賢士。雖然他成為人們口中的「亂世奸雄」或是說「梟雄」，但他甚至面對關羽都能夠說出「你是否能成為我的部下」，將關羽奉為上賓，雖然最後沒有讓關羽變心，但曹操求賢之切竟至如此。後來關羽饒了他一命，其實關羽當時大可以殺了他的，但最終沒忍心下手。

齋藤：是的，放他走了。

劉備：終究曹操還是有德啊！因為他的德，所以關羽才放走他。不過我事先也料到了，讓關羽把守那個關卡，八成他是會放曹操走的。

里村：是。

劉備：其實我是知道的。他受了曹操那麼大的恩惠，在道義上虧欠他很多的。既然已經回到我身邊，那他就一定會在什麼時候還上這個人情。否則他肯定心有不安。

里村：是。

劉備：曹操終究算是積德之人，該死之時能撿回一條命。魏國百萬大軍在赤壁之戰折戟沉沙，照理來說，吃了那般敗仗，就沒有任何再起的機會了。即使死裡逃生，之後也不過是個落難武士，不可能再東山再起了。但曹操的厲害之處就在於，即使號稱百萬的魏國大軍的水師，在水戰中被吳國打得狼狽不堪，他亦能在日後捲土重來，建立一個強大的國家。他的這種「重新奮起」的力量，的確非常驚人。

里村：是。

劉備：他能在短期內就能將能人賢士招致麾下，重整旗鼓、捲土重來，他的確紮實地繼承了孫子兵法，並重建了自己的兵法。我覺得，他的頭腦遠在我之上。他能在那麼短的時間就重整兵力，再造國家。本來應該灰飛煙滅的，但卻成功再起。在招攬人才的熱情上，連我都自愧不如。要說我哪一點不如他，我就直說，那就是曹操能夠對他人說出，我難以啟齒的褒獎話語（笑）。

里村：是。

劉備：曹操可以那般不吝惜地獎賞別人，但我卻做不到。我沒能充分回報那些幫助過我的人。畢竟經歷過太多顛沛流離，難以有著一塊屬於自己的領地。從這個角度來說，我的確沒能充分回報那些勞苦功高的人，然而曹操就能給那些有能的人才授以官位、冊封領地，對他們不吝金錢的褒賞。當然，他是一位很理性的人，對於那些有害之人也是毫不留情。即便是自己的親人，只要他覺得有什麼可疑，就會除之以後快，這也是他的可怕之處。所以，對他的評價毀譽參半、褒貶各有。身處亂世，他不免在一定程度上暴露殘暴的一面，但這也是他頭腦聰明的一面。

孫權將「防衛」做到滴水不漏

劉備：至於孫權，他們家的名門望族已延續了三代，並且他擁有眾多出色的部下，吳國確實是個富饒的地方。

里村：是。

劉備：因為江南是個富饒的魚米之鄉，所以吳國的國策主要是「守成」。也就是說，只要將城池守得固若金湯，國家就不會滅亡。境外就是大海，而且北方有大江做天險。中國的江河之闊如同大海。要渡過這條大江攻打過來可不是那麼容易的事。所以就水軍的實力來說，吳國的水軍跟陸軍不同，擁有非常強大的作戰能力。只要好好地守成，就不會輕易吃敗仗。所以，當時的吳國從某種意義上來講，就像日本的德川家一樣，將國家防衛得堅如磐石。當然他們也有過創建拓展的一面，但是兩相比較，我認為還是「守成」做得比較出色，他們的持久力比較好。

第七章

經營者必備的「兩個面向」

Chapter 7

信奉「性善說」，相信「未來是光明的」

齋藤：我想現今日本各地有許多人想要向您請教。譬如，現在的公司老闆，他們可能會向您吐露這樣的煩惱：「我們公司真的沒什麼人才，雖然我終日拼命努力，但身邊全是些平庸之輩，真的很傷腦筋。」對這些人進行人生諮商時，也經常聽到他們吐著苦水，「我們這裡人口稀疏，真的沒什麼人。所以雖然我拼命工作，但是公司卻只能止於現在的規模。總之就是人才不足，雖然很想用人，但就是找不到，招不進來」。很多組織機構都陷入「孤軍奮戰」的困境，事實上我們聽到的也都是這種情況。對於這種中小企業的老闆，或者小型組織的領導人，您建議他們該怎麼做呢？能否請您為他們指點迷津呢？

劉備：終究老闆的藉口，是不能說給部下聽的。當時雖然是「三分天下」，但蜀國卻是片「不毛之地」，非常貧困，絕對算不上富饒，並且地勢險阻，生活困苦又很寒冷，土地非常貧瘠。進入這片地方，大多都是你們現代所說的「間隙產業」。大公司都是不屑一顧，已經賺到錢的人都不願意涉入其中。而我們就是從這裡開始著手建立國家。我們在這塊土地上播種耕耘、發展農業、培育人才，使國家強大起來。我們操練兵馬，五度「北伐」征討魏國。

里村：是。

劉備：

我們雖是小國，兵力只有魏國的五分之一，但是諸葛孔明認為「如果我不在有生之年將魏國消滅，那麼我死後蜀國一定被滅國」。於是不顧國微兵弱，利用戰略戰術實施北伐。向一個強大的國家挑起戰爭，當然不會百戰百勝，建立在窮苦之地的國家，說到痛處，這就是這國家的痛處了。

當然，魏國所在的地區是中國比較發達的地區，其南方是相對富裕。我們跟他們之間的基礎自然是有些差距的。

從這層意義上來說，中小企業的老闆，如果想為公司的艱難處境找理由，可以列舉個沒完，但反過來若是讓員工「指出老闆的不足」，員工們也能列舉出好多（笑）。他們會說：「如果不是這個老闆，而是換一個人的話，我們絕不會是現在這副樣子。」所以反過來讓員工說的話，我想他們也能挑出好多毛病（笑）。

社長可以舉出各種理由「這個行業的大環境太不景氣了」、「湊巧遇到了勁敵」、「我們工廠的地段太不利了」、「工廠太破舊了」、「稅率太高，處境艱難」、「匯率或高或低，搞得我業務開展不下去」等等，但這些問題同樣影響到其他業者。

老闆想要抱怨的心情我非常理解，並且事實也確實如你所說，然而做為上位者，就如同我剛才所說的，必須要發掘他人的長處。「發現長處，並將其挖掘出來」、「善於發現他人長處、優點」，這是領導者必須具備。從這層意義上來說，領導者應該信奉「性善說」，應該相信「未來是光明的」。堅信國家會有所發展，能這麼想的人才是正確的。

兼具「前瞻性悲觀論者」的一面

劉備：剛才說到了要信奉性善說，並發掘他人的優點，但與此同時，還必須為眾人的未來著想，時刻考慮到「要如何才能避免他們陷入危機」。

里村：是。

劉備：也就是說必須具有著「前瞻性悲觀論者」的一面。「現在公司雖然發展順利，但如果「日元匯率下跌該怎麼辦」、「日元走高該怎麼辦」、「稅金提高該怎麼辦」、「競爭對手出現該怎麼辦」等等，很多部下沒有考慮到的事情，你都必須考慮到。基本上，領導者必須是一位能慧眼識明珠且想法豁達的樂天之人，但也必須具備前瞻性，對於未來可能發生的悲觀情形，事前能夠推演預防。

里村：是。

劉備：

譬如，比部下還要提前考慮到「公司最差會變成什麼樣子」。想想最糟糕會是什麼狀況，在接受這種最差的基礎上，再考慮「要如何才能走出那樣的低谷」。

公司既不能改變稅制，也無法干涉日元的走勢。並且，競爭對手有著雄厚的資金，看到這個產業發展得好，就會盤算著「這個買賣肯定賺錢」，於是也會參與這個市場。對於他們的涉足，即使想阻止，也沒那麼容易辦到。

總是必須要有著先見之明，比他人先考慮到「屆時該如何應對」。如此一來，即使有一天危機真的來臨，但因為多年以前就已經做好充分的準備，就能夠提早撤退，或是集中兵力直搗對方的中央防線，又或者是衍生出新的戰術克敵制勝。若是能預見到這些可能性，那麼在部下眼中，那些悲觀論就不再是悲觀論，而是一種前瞻性了。

里村：是。

劉備：自己充分地思慮事情的負面，以及遇到這些問題時的解決方案，即能盡可能地減少部下在這方面勞神費力的時間，他們就能在樂觀開朗的領導人之下充滿希望地工作。總之，領導者必須要有著強大的危機處理能力。

里村：是。

第八章

現代日本有「人才」嗎？

Chapter

8

日本的領導者的「問題」和「應有的態度」

釋：接下來我想向您請教比較大的方向的問題。中國、日本、印度，這三國正相互角逐「亞洲版的三國志」，而基督教、伊斯蘭教，以及做為第三方、努力成為嶄新世界宗教的幸福科學集團，亦正相互競爭著宗教版的三國志。在思索這巨大的潮流之時，日本這個國家常遭受反日活動的影響，被外人視為是一個無德的國家。能否請您告訴我們，這樣一個國家，應該怎樣讓自己的德光於世界閃耀？

劉備：

應該怎麼做啊？日本的領導者，大多都是學校的秀才啊！

無論是政府官員，或是政治家、媒體人士，不知為何都是學業上的佼佼者居多，總讓人感覺他們過於在意一些枝微末節的事。現今的大學考試都是以具體分數計分，這些人都是以細微的分數來衡量事物，所以就練就了一副熟練的頭腦，絕對不能夠在某處出錯。

過於拘泥於這些枝微末節之事，人就會喪失「大局觀」。對那些毫不在意的人，會撇開細枝末節，直奔問題的本質。然而，如果一個人在很長時間內受的都是關注細節的教育，那麼此人就容易以精細的眼光來判斷，以避免自己發生錯誤。

如此一來，此人就會非常介意他人的批評。為了避免遭受周遭的攻擊，所以處事之時就要盡量小心謹慎，盡可能地不要被他人講話。

所以，「生平犯過沒什麼大錯」，就成了官員卸任時最「值得自豪」的事，也是對於家人最不會遭受苛責的話語。無論是否出人頭地（笑），首先要確保「不求有功，但求無過」，「因為從未遭逢重大失敗，所以能走到今天」。

然而，如果是經營者、事業家，或者亂世英雄、政治家等，光是這樣是不夠的。

我認為要想耐得住眼前的批評、壞話，必須要具備足以將對手一口吞下的能力，這很重要。

齋藤：您是說一口吞下？

劉備：嗯，必須像鯨魚一樣輕鬆吞掉，呼地一聲吞進肚子裡。鯨魚的食物可能只是些小魚小蝦，但在吃的時候，它卻能連魚帶水一起吸進嘴裡，然後將水吐出。領導者必須要像這樣才行。所以那些自詡為大國的國家，如果他們對很多小事揪住不放，此時就必須張開大口鯨吞，展現自己更是大國的樣子。

現代日本的「人才供給源」太過於狹隘

里村：那麼您對於現代的政治家，或者是包括經營者在內的日本的領導者，有什麼話想要對他們說嗎？

劉備：

我覺得現今的安倍變得有些狂野，他想要對外表現出他不僅是學校秀才，所以做了一些讓人會想要加分的事情，就這點而言，他有他有意思的地方。

天下太平之時，不犯重大過錯就能依序升遷的如此制度，還算不錯。但如果是亂世，就必須要有著不走尋常之路的人才，也就是具備著異於常人才能的「奇才」。在大企業中安穩度日直到退休的那種類型，是撐不起亂世的。

而挑選出來他們的人，也就是現今的媒體或者是老百姓，不可只憑藉既有的價值基準來評判這些人才。

事實上，日本並不缺人才。譬如，企業也是，憑藉一代人的力量創建一家大型企業的人，其實是十分厲害的人物。即使是到了美國，也能得到眾多好評。在美國，很多那樣子的人物都能成為政治家、總統。

里村：是。

劉備：「事業有成」是一個很大的重點，「事業有成」、「有賺到錢」，這是一個很重要的判斷基準，因為能賺大錢的人，同樣也能讓別人盆滿缽盈。這是一個很大的加分項目，「統帥軍隊，身為司令官帶領部隊克敵制勝」，取得這種戰果的人，可以說此人具備一定的綜合實力。評價軍人，終究也要看他的綜合實力，若是無法合理調配人心及物資，並且摸透對手的力量，否則就無法打勝仗。這種人是有能力當上總統的。然而，日本社會普遍不喜歡這樣，有機會登上上位者，幾乎都是「政治世家」出身，所以我感覺人才的來源過於狹隘。

里村：是。

從國民代表當中，挑選擔任「政治家、官員、媒體」的「有趣人才」

劉備：所以現今的日本政界，應該要廣為接納「野人型」的人才。例如，之前好像聽說，司法考試也要限制參加次數了（笑）。若是真是如此，就有點過分了。就像安倍首相之類的，優秀人才家庭連續承襲某些職位，上幾輩的勢力地盤一直承襲下去，這麼一來，新人還有什麼出頭之日？所以說我認為這方面的「公平」，必須要適當做一番調整。

里村：是。

劉備：

「接收了父輩的勢力地盤之後，就安全無恙了」，如果這種現象繼續一直持續下去，那麼就算像幸福實現黨提出「有趣的提案」，但那些政治家依舊還是墨守著老規矩，比起嘗試那些「有趣的提案」，還不如維持現狀，還來得安全。

這就好比以前江戶時代的藩，代代相傳，守護自己的藩國、守護自己的領地。「這好不容易到手的票倉，必須要好好地守護下去」，我想他們就是這種想法吧！

如此一來，就阻斷了新人參與的機會。然而，一旦遭遇大的動盪，國家需要的還是與之相匹配的人才。「國家亟需能打破既有觀念的人才」，現今已到了必須調整思維方式的時刻。

大眾媒體也是一樣，秀才太多了，而官員也是秀才居多，所以他們很聽官員的話。正因如此，國家才會逐漸僵化。

里村：原來如此。

劉備：官員已經很難萌發大膽的設想，總是優柔寡斷，為了避免失策，只能被動地追加補救措施。本來政治家是可以果斷下令的，但他們也大都只是「繼承了前輩血統」，一旦遭遇亂世，就會變得毫無招架之力。所以現今政界推選更多的「有趣的人才」，以因應國家的危機。我是這樣想的，你們認為如何？

里村：您說得一點都沒錯。

只反對本國的戰爭，而對他國戰爭沒有異議的「某政黨」

里村：幸福實現黨裡也有很多「有趣的人才」，但願能獲得您的支持。

劉備：那個某政黨也是……。與其說是某政黨，不如說是某宗教，他們打著巨大的廣告，說著「沒有核武的世界，難道只是個夢嗎？」現今日本被核武大國包圍著，甚至還大搞霸權主義，但他們卻大肆宣傳著要廢除核武，這到底是在想什麼？人們不可不知，日本的改革已經太晚了，已經落於時代之後，有可能有亡國的危險了。

里村：是。

劉備：

人們或許認為「宗教對戰爭都是持反對態度」，然而只是反對本國的戰爭，卻不反對別國的戰爭，這是不是很奇怪？即使是他國發生了戰爭，只要是錯的，不是都應該反對嗎？但是他們卻緘默不語，只對本國的戰爭表示反對。

我想你們正與世間的「自虐史觀」搏鬥，如果日本真的是一個優秀國家，那就應該具備著與優秀國家相匹配的發言力，必須抱持勇氣，勇於發言。

更何況，如果對於日本的批判，本就來自於捏造的報導或觀點，或是那些捏造的政治宣傳口號，是為了貶低日本而在戰時製作的內容，到了七十年後的今天還在繼續使用的話，日本就應該展現推土機般的力量，將這些言論一舉粉碎。

如果連這一點都搞不懂，我看媒體也可以關門了。

里村：是。

8 現代日本有「人才」嗎？

第九章

劉備悍然發動「關羽復仇之戰」的真正理由

Chapter
9

「義弟被殺我卻無動於衷，我以後有什麼臉見他」

里村：剛才我們從宏觀角度向您請教了一番，我還想從另一個觀點，也就是從「有德的領導學」這個觀點向您請教。關羽將軍身故之後，參謀諸葛孔明曾那般苦口婆心地勸告您，不要為了復仇而發動戰爭。或許在作戰方法出現了失誤，您在與吳軍的對戰中失敗，最後身故於白帝城。

劉備：嗯……

里村：當時您為什麼不顧諸葛孔明的反對，執意為關羽將軍復仇，對吳國開戰呢？能否從「有德的領導學」的角度，來告訴我們當時的情形？

劉備：就結論來說，就是我太不聰明了，才會變成這樣。

里村：不、不、不，沒有那回事。

劉備：

諸葛亮很聰明，他知道只要打這一仗肯定會輸，所以他想要阻止我，做為一名參謀，他當然會這麼做。當時若是還有將來，我當然也不會貿然出兵，而是積蓄力量，這樣戰勝吳國也不是不可能，但畢竟關羽是我立誓「同年同月同日死」的好兄弟。張飛是被斬首的，他喝醉酒鞭打部下，所以深夜被人砍下頭顱，就這樣死了。接著三十年未嘗敗績的關羽也吃了敗仗，畢竟是上了年紀的人了，被吳國的年輕戰力……

里村：對，陸遜的軍隊。

劉備：對吧！他真的是被幹掉的，被一個無名小卒幹掉。

里村：是。

劉備：誰會料到一個無名才俊，突然橫空出世？所以當時真的是輕敵了。真的是諸行無常，唉，怎麼說呢？橫綱也會遇到吃敗仗的時候，那個時候我已心知肚明，自己的死期也不遠了。你們可能覺得好笑，但如果我回到天上界，無顏面對張飛、關羽的話，那會有多尷尬。我說這些話，可能有人會笑我「你傻不傻啊！」但是結義弟兄被殺，我卻貪生怕死，只顧著養精蓄銳積蓄軍力，什麼都不做的話．．．。而且我也知道自己差不多快死了，如果這樣回到那個世界，我豈不是無顏見他們兩人？

里村：是。

預見劉備會大敗的孔明

劉備：我真的是抱著必死決心去的。我做好了赴死的準備，率領百萬大軍用盡全力，拉開一長蛇陣列。一如兵法所說，我的中堅部隊遭受重創，於是一敗塗地（苦笑）。而孔明早就知道會變成這樣，比我小二十歲的孔明應該早預料到會是這樣的結局，但是他自己也放棄勸我了。我想他也知道，再怎麼勸我，我也不會聽他的。

里村：是。

劉備：

孔明一定曾想過「主公與關張二人『義結金蘭』，現在他可能想一心赴死吧！他應該是想乾脆在為關羽報仇的大戰中死去！」孔明知道自己無法阻止我，但即使明白無力阻止，可他仍然苦心諫言，當然他也知道，說了也白說。

並且孔明也明白「蜀國最終會敗給魏國」，他知道「與魏國必有一戰」，所以蜀國不應向吳國開戰，若是不與吳國結盟，就根本無力對抗魏國。

所以，從理性來看，與吳國的戰役無論如何皆應避免。然而，雖然在理性上應該避免，但從「道義」的角度來說，卻是無法避免。

或許陸遜是個年輕的王牌，但是我當時是心想「你打敗了我的老兵老將，我也要給你點顏色瞧瞧。雖然我已上了年紀，但無論如何都要報一箭之仇」。

所以說，孔明已經預料到我的敗局，他甚至告訴過我，戰敗後就逃到白帝城。簡直是「聰明絕頂」，他真的是有「先見之明」，連我落敗後要逃到哪裡他都知道。

劉備講述「對孔明的感謝」和「蜀國的極限」

劉備：後來我將後事託付給孔明，我對他說「若嗣子可輔，輔之；如其不才，君可自取」。實際上，劉禪的頭腦並不是那麼好，也沒什麼德。戰時我輾轉於各地，沒有好好地教育他，導致他一直都很任性，宮女們帶大的孩子，終究有些軟弱，不足以成為我的後繼之人。但是孔明很是保護著他，也還有其他優秀的將軍從旁協助，蜀國又維持了二十年以上。還是十來年來著？二十年？我想應該是又維持了二十年。

里村：是的，又持續了二十多年。

劉備：那個時候孔明完全可以取而代之，自己繼位，但他的義理之心也非常堅定，「為報先帝知遇之恩」，他還是毅然決然地擁戴那位「蠢材君主」，自己繼續保護這個國家。他其實已經預見到了，如果是「蠢材君主」當政，這個國家肯定是沒有將來了，若是與魏國開戰，也沒有取勝的可能。他已經知道，天下遲早是魏國的，自己就此放棄也未嘗不可，但他還是決定「不能這樣。如果不在我的有生之年打敗魏國，之後蜀國會被打倒，下一代絕對會被擊敗」，於是強行數度北伐。這時我們的國力已經到了極限。

如要互相信任，必須抱持著「一同赴死」的心境

里村：您剛才說「回在那個世界，無顏見他們」……

劉備：是啊！

里村：在這番話裡，我覺得我窺見了您的人望何以至今歷久不衰的秘密了。

劉備：的確會沒臉見他們啊！要我怎麼面對他們？若真是如此，我真的沒那個臉，得去別的世界才行。

里村：是。

劉備：我們約定了「同年同月同日死」！如果沒有那般心境，要如何才能互相信任呢？

里村：謝謝。

「戰敗時慷慨赴死」也是殉天之舉

里村：時間也差不多了。回顧今天您對我們所述說的諸多話語，最後能否請您總結一下，做為一個領導者，從默默無聞到名動天下，其關鍵是什麼？

劉備：我也沒有名動天下啊！

里村：不、不、不。

劉備：我只是小小的成就而已。

里村：沒有那回事。

劉備：嗯．．．．．．我不可以說大話，所以我想你還是去詢問更偉大的人物才好。「創業」，或者是說建國，那種努力之後的快樂、喜悅，是非常巨大的。但是人們必須知道，「以此為目的」是不行的。

里村：是。

劉備：或許自己的國家無力平定全中國，但到了最後自己還是會遇到，必須要放掉自己一手創建的事物的時候。也就是說，「認輸也是一種義務」。譬如說其他國家，吳國也好魏國也罷，如果他們有著「統一天下」的天命，那麼敗於這些國家也是一種命運。耗盡最大力量，即使失敗了，也要不惜性命慷慨赴死，這也是一種殉天。明治維新的志士們，不也是抱持著相同的信念嗎？或許有人能功成名就、荷包滿滿、地位顯赫，但總體來講，失敗死掉的人占了絕大多數。大部分人都「沒能取得勝利」，所以人們必須明白，總是會出現力有未逮的時候。

里村：原來如此。

「即使壯志未酬，但那份志向也將流傳後世」

齋藤：大川隆法總裁先生在其經典《接受失敗的勇氣——在困境中使我堅持下去的忍耐之法》（九韵文化）中提到「偉人無一不知身將死，但卻克服種種矛盾，在此過程中，即產生了德」，我的確感受到您的德之清香，謝謝您。

劉備：

你們也是一樣，雖然你們希望將世界宗教統合起來，在和平與穩定中，引領世界走向繁榮，但恐怕沒那麼容易實現。既存的團體已具備相當的規模，實力雄厚，且有一定的歷史。而你們原本勢單力薄，想發展成席捲全球的勢力，談何容易。你們的偉業或許在中途就會夭折。

然而，那份遠大志向將流傳後世。所以，不能因為沒有完成，就認為這個事業「失敗了」，將這個志向傳承下去是很重要的。

做為一個現實的問題，有兩千年歷史的基督教、一千三百年以上歷史的伊斯蘭教，他們的勢力已拓展到全世界，信徒多達十幾二十億。想將這麼龐大的勢力抹平，盡而讓幸福科學的教義滲透全世界，實際上，在你們的有生之年沒那麼容易實現的，或者是可能變成像「三國志」一樣的情形。

但是我想一定能夠流傳給後世某種精神。

因此，你們不可藉由拓展自己的勢力，僅是為了增加自身的利益。終究你們還是隨時留意，藉由拓展自己的想法，是否為更多人們帶來了幸福。師出有名，超越民族、種族和宗教，時刻不忘對世界人民的愛，這即是我想對人們說的。

里村：是，我明白了。今天非常感謝您花費這麼長的時間，教導我們這麼多的寶貴道理。

劉備：嗯，嗯，好說。

里村：今天由衷地感謝您。

劉備悍然發動「關羽復仇之戰」的真正理由　9

第十章

值得參考的「做為組織的領導者之德」

Chapter

10

大川隆法：謝謝劉備（兩次擊掌）。他的確有著很大魅力，吸引著眾多人們。我想他的一番話語，對於很多人具有著參考價值。

里村：是的，我們確實深深地折服於他的魅力。

大川隆法：劉備先生確實具備著能力，將頭腦比自己聰明、武力比自己強大的人統整在一起。他所具備的德，與孔子所說的德略有不同，他所體現的是「組織論當中的德」和「做為組織領導者應具備的德」。這也是一個人們應該知悉的一種想法，這是儒家學者沒有講述到的部分。

里村：是。

大川隆法：釋女士也請加油。

釋：是。

齋藤、里村：非常感謝您。

後記

對於當時三十歲的我，在沒有任何信徒、沒有任何資金、沒有任何不動產、沒有任何組織的情況下，創立了幸福科學，向《三國志》的劉備玄德學習德的力量、向諸葛亮孔明學習智謀，是必要之事。其中的人才論、組織成功論，是大學當中絕對不會教導的內容。

「有德的領導力」，是我想要透過一生徹底學習的德目之一。如何在社會當中，將愛實踐於創建組織上？要如何打造超越知識、學歷的「德」？要從何種人品當中，孕育吸引眾人的「魅力」？

現今，本書開啟了人性學的寶庫門扉。

二〇一七年九月二十六日

幸福科學集團創始者兼總裁

大川隆法

國家圖書館出版品預行編目（CIP）資料

向劉備學領導：從草鞋商販到一方皇帝 / 大川隆法
著；幸福科學經典翻譯小組譯. -- 初版. -- 臺北市：
信實文化行銷, 2017.11

面； 公分

ISBN 978-986-95451-4-3(平裝)

1.企業領導 2.組織管理

494.2 106020046

What's Being

向劉備學領導：從草鞋商販到一方皇帝

作　　者：大川隆法
譯　　者：幸福科學經典翻譯小組
封面設計：黃聖文
總 編 輯：許汝紘
文字編輯：孫中文
美術編輯：婁華君
總　　監：黃可家
行銷企劃：郭廷溢
發　　行：許麗雪
出　　版：信實文化行銷有限公司
地　　址：台北市松山區南京東路5段64號8樓之1
電　　話：（02）2749-1282
傳　　真：（02）3393-0564
網　　站：www.cultuspeak.com
讀者信箱：service@cultuspeak.com

若想進一步了解本書作者大川隆法其他著作、法話等，請與「幸福科學」聯絡。
地址：台北市松山區敦化北路155巷89號
電話：02-2719-9377　電郵：taiwan@happy-science.org
FB：https://www.facebook.com/happysciencetaipei/

印　　刷：上海印刷股份有限公司
總 經 銷：聯合發行股份有限公司
香港經銷商：聯合出版有限公司

2017 年 11月 初版
定價：新台幣 320 元

更多書籍介紹、活動訊息，請上網輸入關鍵字 拾筆客 搜尋